百变磅蛋糕，
一个模具就OK！

[法]文森特·阿米艾勒 著

[法]克莱尔·巴扬 摄影

张紫怡 译

电子工业出版社
Publishing House of Electronics Industry
北京·BEIJING

目录

西葫芦菲达奶酪薄荷磅蛋糕

迷迭香汉橄榄磅蛋糕

瓜子玉米磅蛋糕

肉脒小洋葱卡蒙贝尔奶酪磅蛋糕

香梨核桃罗克福干酪磅蛋糕

青红椒米莫雷特奶酪磅蛋糕

别忘了撒盐！

帕尔玛火腿无花果磅蛋糕

罗勒青酱西班牙小辣肠磅蛋糕

腌圣女果迷迭香羊奶酪磅蛋糕

菠菜羊奶酪磅蛋糕

咖喱鸡肉香菜磅蛋糕

唐杜里鸭肉青豆
磅蛋糕

小茴香三文鱼磅
蛋糕

独家奉上 ♥
加入
鱼肉的甜点

烟熏三文鱼芝士
磅蛋糕

西班牙辣味香肠
鳕鱼磅蛋糕

马苏里拉奶酪香
芹磅蛋糕

茄子磅蛋糕

阳光蔬菜磅蛋糕

鸡肉磅蛋糕

香橙磅蛋糕

覆盆子玉米磅蛋
糕

全巧克力磅蛋糕

目录

香蕉磅蛋糕

苹果茴香酒磅蛋糕

香梨巧克力磅蛋糕

草莓大黄磅蛋糕

椰奶磅蛋糕

西柚磅蛋糕

经典大理石磅蛋糕

红浆果波伦塔磅蛋糕

香草罂粟籽磅蛋糕

开心果花生酱磅蛋糕

苹果磅蛋糕

杏仁糖磅蛋糕

写在前面

有什么比三五好友围坐在一起喝着开胃酒有说有笑更美妙的事情呢?如此情境下,又有什么比一起分享一个磅蛋糕更方便省事的呢?

磅蛋糕因其多种原料创意混搭的味道让人欲罢不能,做法简单易上手,从而一直风靡至今。不管是郊游野餐、快捷简餐,还是浅尝一口,磅蛋糕总是老少皆爱的美味。

本书推荐的40种磅蛋糕有甜有咸,相信一定能满足你的味蕾,让你大快朵颐。制作创意多变的磅蛋糕,只需要一个蛋糕模具(最好是24厘米长)、一台烤箱、一只搅拌器……还有,一点力气!

那么,你准备好跟我们一起开启磅蛋糕之旅了吗?切片、造型,然后一口吞下——别犹豫!

76 胡萝卜磅蛋糕

78 菠萝磅蛋糕

80 抹茶磅蛋糕

82 香草红薯磅蛋糕

84 香料磅蛋糕

86 青柠奶酪磅蛋糕

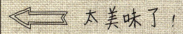
太美味了!

西葫芦菲达奶酪薄荷磅蛋糕

面粉 180克

鸡蛋 3个

橄榄油 100毫升

薄荷 1小把

酵母粉 三分之二小袋

菲达奶酪 200克

西葫芦 2个（小个）

盐 黑胡椒粉 适量

做法

1. 将蛋糕模具内抹上黄油和面粉。把西葫芦切成小块，在加了盐的水中煮10分钟，然后取出沥干水分。把菲达奶酪切成小方块。

2. 在一只大沙拉盆里，将打碎的鸡蛋与面粉、酵母粉、橄榄油、西葫芦、菲达奶酪和切碎的薄荷叶混合搅拌。加盐、黑胡椒粉调味，然后将其倒入模具中，放入烤箱烘烤35分钟。

6 人份

食材准备：15分钟
预热温度：180℃
加热时长：45分钟

好新鲜！

迷迭香双橄榄磅蛋糕

做法

1 将蛋糕模具内抹上黄油和面粉。将羊奶酪切成块。在一个大沙拉盆中,将羊奶酪与橄榄油和面粉、酵母粉、两种橄榄、切碎的迷迭香叶混合。随后加盐、黑胡椒粉调味。

2 用电动打蛋器将鸡蛋打发10分钟。将蛋液与第一步的食材混合,均匀搅拌,倒入模具后放入烤箱烘烤35分钟。

6 人份

食材准备:20分钟
预热温度:180°C
加热时长:35分钟

- 盐、黑胡椒粉 适量
- 鸡蛋 3个
- 青橄榄、黑橄榄 200克(去核)
- 新鲜羊奶酪 140克
- 橄榄油 4汤匙
- 迷迭香 三分之一束
- 酵母粉 1袋
- 面粉 160克

如果你喜欢，在第一步的时候还可以加入一瓣大蒜。

瓜子玉米磅蛋糕

做法

1 将蛋糕模具内抹上黄油和面粉。在锅中放入黄油块,将黄油加热融化。将玉米粉和面粉在沙拉盆中混合,同时加入混合瓜子仁、酵母粉、混合奶酪碎、二分之一咖啡匙的盐和辣椒粉。用打蛋器打散鸡蛋和牛奶,然后加入融化成液体的黄油。

2 将液体混合物倒在干的固体混合物上,然后用刮刀或者筷子搅一搅,但不要太用力和面以免之后加热时面团变得太实太死。搅拌后全部倒进蛋糕模具里,放入烤箱烘烤20分钟。

6 人份

食材准备:10分钟
预热温度:180°C
加热时长:20分钟

- 酵母粉 1袋
- 辣椒粉 1小撮
- 玉米面 120克
- 盐适量
- 全脂牛奶 250克
- 鸡蛋2个
- 混合瓜子仁(南瓜子、葵花籽)75克
- 黄油 125克
- 混合奶酪碎 125克(车达奶酪、帕尔玛干酪……)
- 面粉 150克

出炉后立马尝一口,等不及啦!

肉膘小洋葱卡蒙贝尔奶酪磅蛋糕

- 鸡蛋 3个
- 卡蒙贝尔奶酪 100克
- 牛奶 100毫升
- 面粉 180克
- 小猪肉 125克
- 嫩洋葱 2根 切碎
- 盐 黑胡椒粉 适量
- 橄榄油 2汤匙（包括平底锅要用到的）
- 酵母粉 1袋

做法

1 将蛋糕模具内抹上黄油和面粉。在一个大沙拉盆里，将鸡蛋、橄榄油、牛奶、面粉和酵母粉混合搅拌。将洋葱切碎，卡蒙贝尔奶酪切成小方块。

2 平底锅中加少许橄榄油，略炒一下小猪肉块和洋葱碎。加入盐、黑胡椒粉调味后，将其放进之前的混合物里，再全部倒入蛋糕模具中。放入烤箱烘烤40分钟。

6 人份

食材准备：10分钟
预热温度：180℃
加热时长：40分钟

冬天里的磅蛋糕，
如此美好的慰藉！

香梨核桃罗克福干酪磅蛋糕

做法

1. 将面包模具内抹上黄油和面粉。在一个大沙拉盆里,将鸡蛋与面粉、奶油、酵母粉和黑胡椒粉混合。

2. 梨削皮。把罗克福干酪和梨都切成小方块。将核桃仁捣碎。将所有食材混合在一起,均匀搅拌,然后倒进模具中,放入烤箱烘烤40分钟。

6人份

食材准备:15分钟
预热温度:180℃
加热时长:40分钟

- 鸡蛋 3个
- 罗克福干酪 (Roquefort) 140克
- 面粉 180克
- 全脂液体奶油 100毫升
- 梨 2个
- 核桃 2小撮
- 酵母粉 1袋
- 黑胡椒粉 适量

罗克福干酪和梨可是绝佳组合哦!

青红椒米莫雷特奶酪磅蛋糕

- 米莫雷特奶酪 (Mimolette) 120克
- 青红椒 各1个
- 橄榄油 3汤匙（包括平底锅要用到的）
- 新鲜百里香 三分之一捆
- 鸡蛋 3个
- 牛奶 2汤匙
- 盐、黑胡椒粉 适量
- 面粉 200克
- 酵母粉 三分之二小袋

做法

1. 将模具内抹上黄油和面粉。在一个大沙拉盆里，将鸡蛋、橄榄油、牛奶、面粉、酵母粉和2小撮盐、黑胡椒粉混合搅拌。

2. 将米莫雷特奶酪切成小薄片。青红椒切丝后，在加入了少许橄榄油的平底锅中略炒。

3. 将米莫雷特奶酪、青红椒和去枝切碎的百里香叶放入沙拉盆里。然后全部倒进蛋糕模具，放入烤箱烘烤40分钟。

6 人份

食材准备：15分钟
预热温度：180℃
加热时长：55分钟

好吃，简直是惊喜！

帕尔玛火腿无花果磅蛋糕

1 将蛋糕模具内涂上黄油和面粉。将无花果和帕尔玛火腿切碎。蛋清、蛋黄分离。

2 在一个大沙拉盆里，将蛋黄与面粉、橄榄油、牛奶、面粉、酵母粉、帕尔玛干酪粉、干无花果、帕尔玛火腿混合搅拌，加入2撮盐和黑胡椒粉。

3 将透明蛋清打发成雪状蛋白，加入1小撮盐，放入大沙拉盆中搅拌均匀。再将所有混合物全部倒入模具内，放入烤箱烘烤40分钟。

6 人份

食材准备：20分钟
预热温度：180℃
加热时长：40分钟

- 鸡蛋 3个
- 帕尔玛火腿 125克
- 面粉 180克
- 橄榄油 100毫升
- 牛奶 120毫升
- 帕尔玛干酪粉 80克
- 干无花果 150克
- 盐 黑胡椒粉 适量
- 酵母粉 三分之二袋

感受这一丝意大利之风……

罗勒青酱西班牙小辣肠磅蛋糕

橄榄油 4汤匙

番茄 2个

西班牙辣味小香肠 半根

罗勒青酱 50克

面粉 180克

盐 黑胡椒粉 少许

鸡蛋 3个

做法

1 将蛋糕模具内涂上黄油和面粉。用电动打蛋器将鸡蛋打散,再搅打10分钟,再加入面粉、一半罗勒青酱和橄榄油。加入盐、黑胡椒粉调味。将番茄切成小块,小香肠切成薄片。

2 将混合物的一半倒进模具,然后加入剩下的罗勒青酱、小香肠和番茄。再将剩下的混合物倒入模具,放入烤箱烘烤35分钟。

6 人份

食材准备:15分钟

预热温度:180℃

加热时长:35分钟

送给堪称"吃货"的你!

腌圣女果迷迭香羊奶酪磅蛋糕

- 鲜羊奶酪 100克
- 鸡蛋 3个
- 盐、黑胡椒粉 少许
- 橄榄油 3汤匙
- 迷迭香 三分之一束
- 腌圣女果 80克
- 酵母粉 1袋
- 面粉 180克

做法

1. 将蛋糕模具内涂上黄油和面粉。将腌圣女果竖切成两半，鲜羊奶酪切成小块。迷迭香去枝，只留叶，切碎。

2. 在一个大沙拉盆里，将所有的食材混合搅拌，加入1小撮盐和黑胡椒粉。将混合物倒进模具，入烤箱烘烤35分钟。

6人份

食材准备：10分钟
预热温度：180℃
加热时长：35分钟

要是家里有自己腌的圣女果，味道就更独特了！

菠菜羊奶酪磅蛋糕

牛奶 5汤匙
鸡蛋 3个
面粉 180克
嫩菠菜叶 80克
小羊奶酪 140克
盐 黑胡椒粉 适量
酵母粉 三分之二小袋
橄榄油 4汤匙

做法

1. 将蛋糕模具内涂上黄油和面粉。在一个大沙拉盆里,将鸡蛋与橄榄油、牛奶、面粉和酵母粉混合搅拌。加入盐和黑胡椒粉调味。

2. 将小羊奶酪切成小块,嫩菠菜叶洗净沥干水分,一并加入第1步的大沙拉盆里。搅拌后全部倒进蛋糕模具内,放入烤箱烘烤35分钟。

6 人份

食材准备:15分钟
预热温度:180℃
加热时长:35分钟

也可以用熟菠菜叶制作啦!

咖喱鸡肉香菜磅蛋糕

做法

1 将蛋糕模具内涂上黄油和面粉。在一个大沙拉盆里，将鸡蛋和面粉、酵母粉混合搅拌。

2 将鸡胸肉切成小薄片。在平底锅中加入少许橄榄油，放入鸡胸肉翻炒，然后加入椰奶和咖喱粉，再与沙拉盆中的混合物搅拌。撒上香菜末后，全部倒进蛋糕模具里，放入烤箱烘烤40分钟。

6人份

食材准备：15分钟
预热温度：180℃
加热时长：40分钟

葵花油 适量
咖喱粉 1汤匙
鸡蛋 3个
面粉 180克
椰奶 100毫升
香菜 半把
鸡胸肉 1块
酵母粉 1袋

异域风味!

唐杜里鸭肉青豆磅蛋糕

唐杜里香料粉 (TANDOORI MASALA) 1汤匙

面粉 180克

鸡蛋 3个

小青豆 75克

黑胡椒粉 适量

液体奶油 200毫升

酵母粉 1袋

腌鸭腿 1个

做法

1. 将模具内抹上黄油和面粉。把腌鸭腿撕成肉丝状。煮水，焯青豆5分钟。

2. 在一个大沙拉盆中，将奶油与面粉、酵母粉、唐杜里香料粉、鸭肉丝、小青豆和黑胡椒粉混合搅拌。

3. 用电动打蛋器将鸡蛋打散，再搅打10分钟。然后与沙拉盆中的混合物均匀搅拌，再全部倒入模具。放入烤箱烘烤35分钟。

注：唐杜里香料粉可用自己喜欢口味的调味料代替

6 人份

食材准备：25分钟
预热温度：180°C
加热时长：40分钟

融合系蛋糕

小茴香三文鱼磅蛋糕

做法

1 将蛋糕模具内涂上黄油和面粉。在一个大沙拉盆里，将面粉与酵母粉、酸奶、橄榄油和红浆果混合。将三文鱼切成小丁，小茴香剁碎，全部加入到沙拉盆里。加入盐、黑胡椒粉调味。

2 用电动打蛋器把鸡蛋打散，再搅打10分钟。然后与沙拉盆里的食材混合搅拌均匀，再全部倒入模具。放入烤箱烘烤35分钟。

6 人份

食材准备：20分钟
预热温度：180℃
加热时长：35分钟

新鲜三文鱼 200克

盐 黑胡椒粉 适量

鸡蛋 3个

橄榄油 4汤匙

原味酸奶 1盒

红浆果 2汤匙

面粉 180克

小茴香 三分之一把

酵母粉 1袋

不妨尝试用一半鲜三文鱼、
一半烟熏三文鱼来制作！

烟熏三文鱼芝士磅蛋糕

薄脆饼干 60克
圣莫雷奶酪 (ST MORET) 200克
鸡蛋 3个
茴香 半把
柠檬皮丝（1个柠檬）
烟熏三文鱼 300克
黄油 70克（融化成液体）
盐 黑胡椒粉 适量

做法

1. 柠檬去皮切细丝，挤汁。将蛋清、蛋黄分离。将三文鱼与蛋黄、奶酪、柠檬汁、柠檬皮丝、剁碎的茴香混合搅拌，加入盐、黑胡椒粉调味。

2. 将透明蛋清打发成雪状蛋白，加入1小撮盐.与第一步的食材混合搅拌均匀，再一并倒进抹了黄油以防粘锅的模具内。

3. 将捣碎的薄脆饼干与黄油液体混合，然后撒在模具内的混合物上，放入烤箱烘烤30分钟。在脱模之前，放入冰箱冷藏室至少1小时。

6 人份

食材准备：20分钟
预热温度：180℃
加热时长：30分钟
冷却时长：1小时

简单得易如反掌!

西班牙辣味香肠鳕鱼磅蛋糕

- 酵母粉 1袋
- 鳕鱼 150克
- 辣椒面 1咖啡匙
- 鸡蛋 3个
- 盐 黑胡椒粉 适量
- 西班牙辣味香肠
- 牛奶 4汤匙
- 加盐软黄油 80克
- 面粉 180克

做法

1. 将蛋糕模具内抹上黄油和面粉。分离蛋黄和蛋清。鳕鱼和香肠都切成小丁。

2. 在一个大沙拉盆里,将蛋黄与牛奶、黄油、面粉、酵母粉、辣椒面、鳕鱼丁和香肠丁混合。加入适量盐、黑胡椒粉调味。

3. 将透明蛋白打发成雪状,加入一小撮盐,与沙拉盆里的食材混合。再全部倒入模具里,放入烤箱烘烤40分钟。

6人份

食材准备:25分钟
预热温度:180℃
加热时长:40分钟

鳕鱼搭配辣味小香肠
——绝顶美味!

马苏里拉奶酪香芹磅蛋糕

面团 500克
盐 10克
大蒜 3瓣
橄榄油 4汤匙
香芹 1束
马苏里拉奶酪 (MOZZARELLA) 250克

做法

1 将模具内抹上黄油和面粉。马苏里拉奶酪切成圆片状。大蒜和西芹都切成碎末，与橄榄油搅拌制成西芹调味物。

2 将大面团分成5个小面球，每个100克，约鸡蛋大小。在模具内，将面球、西芹调味物和马苏里拉奶酪依次循环码放，直到食材用尽。放入烤箱烘烤20~25分钟。

6 人份

食材准备：15分钟
预热温度：180℃
加热时长：20~25分钟

配上开胃酒，保准大获好评！

茄子磅蛋糕

做法

1. 将模具内抹上黄油面粉。将番茄切成小丁，加入腌蒜、柠檬百里香和少许橄榄油，放入冰箱冷藏腌制1小时。

2. 洋葱切碎，茄子切丁。把它们放在烤盘上，将2汤匙橄榄油浇在上面，放入烤箱烘烤40分钟。

3. 将科西嘉羊奶酪切成小丁。在烤好的茄子上多撒一些盐和黑胡椒粉。将番茄、羊奶酪、洋葱均匀搅拌后，连同茄子一并倒进模具里，用力按压。置于冰箱冷藏。

6人份

- 食材准备：20分钟
- 预热温度：180℃
- 腌制时长：1小时
- 加热时长：40分钟

- 番茄 2个
- 橄榄油 适量
- 柠檬百里香 少许
- 腌蒜 2瓣
- 嫩洋葱 1个
- 茄子 4个
- 科西嘉羊奶酪 200克
- 盐 黑胡椒粉 适量

可以放入任何你喜欢的香草进行调味。

阳光蔬菜磅蛋糕

盐 黑胡椒粉 适量
洋葱 2个
青椒红椒 各1个
大蒜 3瓣
橄榄油 适量
茄子 1个
西葫芦 2个
西芹 半捆
番茄 4个

做法

1 洋葱和大蒜去皮后切碎。青椒红椒切丝。茄子和西葫芦切片。将备好的蔬菜放在烤盘上，浇上橄榄油，撒上盐、黑胡椒粉，放入烤箱烘烤10分钟。加上切好的番茄片，再继续放入烤箱中烘烤15分钟。

2 将蔬菜与切碎的西芹混合，倒入蛋糕模具内，再放入烤箱烘烤15分钟。

6 人份

食材准备：15分钟
预热温度：180℃
加热时长：40分钟

堪称阳光能量棒!

鸡肉磅蛋糕

做法

1. 将模具内涂上黄油和面粉。将生鸡胸肉和帕尔玛干酪、奶油和鸡蛋混合搅拌。

2. 将榛子仁捣碎、香葱切碎,放进第一步的搅拌物里,然后加入熟鸡肉丝混合。再全部倒入模具内,放入烤箱烘烤30分钟。

帕尔玛干酪 50克

香葱 2根

榛子仁 50克

液体奶油 250毫升

生鸡胸肉 250克

鸡蛋 2个

熟鸡腿 3个(撕成丝)

6人份

食材准备:20分钟
预热温度:180℃
加热时长:30分钟

用这个方法来消灭吃剩的鸡肉，再明智不过了！

香橙磅蛋糕

盐 适量
软黄油 250克
鸡蛋 4个
面粉 180克
白砂糖 350克
橙子 3个
酵母粉 1袋

做法

1. 将蛋糕模具内抹上黄油和面粉。蛋黄和蛋清分离。蛋黄中加入200克白砂糖，打散搅拌后直到蛋黄变白。加入黄油、1个橙子挤汁、1个橙子的橙皮丝、面粉和酵母粉。

2. 将其余两个橙子切成小薄圆片。煮水150毫升，加入剩下的白砂糖，至微微滚沸。加入橙子片，用糖水煮5分钟。

3. 将蛋白打发成雪白状，加1小撮盐，然后倒入第1步的混合物，搅拌均匀。将橙子片码放在模具的底部和四个侧面上（留四片作最上面的装饰）。将混合物倒入模具内，装饰表面，放入烤箱烘烤40分钟。

6 人份

食材准备：20分钟

预热温度：180℃

加热时长：40分钟

采用同样的烘焙方法,可以把橙子换成柠檬,就是柠檬磅蛋糕啦!

覆盆子玉米磅蛋糕

- 纪诺雷樱桃利口酒 (GUIGNOLET) 或樱桃酒 2或3汤匙
- 玉米淀粉 100克
- 黄油 200克
- 玉米面 200克
- 覆盆子 300克
- 鸡蛋 4个
- 酵母粉 1袋
- 白砂糖 160克

做法

1 将面包模具内抹上黄油，模具内各边都包上烘焙纸。将黄油融化。在一个大沙拉盆里，先加入白砂糖，再加入鸡蛋，然后将鸡蛋打散至变白。

2 将玉米面、玉米淀粉、酵母粉、黄油、纪诺雷樱桃利口酒或者樱桃酒、覆盆子（也留一些作装饰用）混合，再与第1步中的蛋白混合。将混合物倒入模具内，放入烤箱烘烤45分钟。出炉后装饰上几颗覆盆子。

创意：您也可以用水、柠檬汁、橙汁或西柚汁替代樱桃酒。

6人份

食材准备：10分钟
预热温度：180℃
加热时长：45分钟

当然也可以
将覆盆子换成你喜欢的
任何红色浆果！

全巧克力磅蛋糕

面粉 125克
白巧克力 50克
牛奶巧克力 100克
黄油 250克
黑巧克力 150克
鸡蛋 5个
糖粉 150克
盐 适量

做法

1 将蛋糕模具内抹上黄油和面粉。锅中用隔水加热方式将黑巧克力和黄油块融化。

2 将蛋清与蛋黄分离。蛋黄中加入糖粉打散至变白,随后加入面粉。在蛋白中加1小撮盐,打发成雪白状。把打发好的蛋黄、蛋白与第一步的成品混合。

3 将前两步的食材混合,加入牛奶巧克力碎。将混合物放进模具内,放入烤箱烘烤30分钟。

4 出炉后,放至温凉,再脱模。用擦屑刀将白巧克力搓出碎屑,撒在蛋糕表面。

6 人份

食材准备:25分钟
预热温度:180℃
加热时长:30分钟

巧克力狂热者的心头好!

香蕉磅蛋糕

- 黄油 80克
- 白砂糖 140克+1汤匙
- 香蕉 4根 切成薄片
- 面粉 160克
- 香草荚 2根
- 鸡蛋 4个

做法

1 将模具内抹上黄油和面粉。将黄油融化。将香蕉片放在模具内,放入烤箱略烤,表面加1汤匙白砂糖,留几片香蕉片作装饰用。

2 在一个大沙拉盆中,用电动打蛋器将鸡蛋打散,再搅打10分钟。将白砂糖、面粉、黄油混合。

3 将香草荚剖成两半,用刀尖把里面的籽刮出来。把香草籽和香蕉加进之前的混合物里。将最终的混合物放进模具内,上面用几片香蕉点缀装饰。将烤箱温度调至180℃,烘烤40分钟。

6 人份

食材准备:20分钟
预热温度:220℃
加热时长:40分钟

记得要选熟一点的香蕉!

苹果茴香酒磅蛋糕

- 鸡蛋 3个
- 软黄油 250克
- 苹果 3个
- 面粉 180克
- 白砂糖 200克
- 茴香酒 4咖啡匙

做法

1 将模具内抹上黄油和面粉。将鸡蛋打散,加入白砂糖,直至打发成白色雪状。然后加入面粉、茴香酒和黄油。

2 苹果削皮,切成数瓣,留几瓣作装饰用,其余的苹果放入第1步食材中。把混合物全部倒入模具内,用苹果瓣装饰蛋糕表面,放入烤箱烘烤40分钟。

6 人份

食材准备:10分钟

预热温度:180℃

加热时长:40分钟

要是喜欢茴香味道，
就再加1咖啡匙茴香籽。

香梨巧克力磅蛋糕

做法

1. 将模具内抹上黄油和面粉。在隔水炖锅中,将黑巧克力融化。梨切成小块。

2. 在一个大沙拉盆里,将鸡蛋与面粉、酵母粉、白砂糖、黄油、融化的巧克力、梨和1小撮盐混合。

3. 用抹刀小心地将所有的食材搅拌均匀,不要把梨块弄碎了。然后将混合物全部倒入模具内,放入烤箱烘烤40分钟。

6人份

食材准备:15分钟
预热温度:180℃
加热时长:40分钟

食材:
- 酵母粉 1袋
- 黑巧克力 100克
- 鸡蛋 4个
- 面粉 160克
- 软黄油 160克
- 白砂糖 150克
- 梨 2个
- 盐 适量

选择优质的黑巧克力，
会更好吃哦！

草莓大黄磅蛋糕

- 鸡蛋 3个
- 蔗糖 225克
- 牛奶 100毫升
- 草莓 200克
- 软黄油 150克
- 大黄 200克
- 面粉 200克
- 盐 适量

做法

1. 将模具内抹上黄油和面粉。大黄切成小段。锅中加入100毫升水和100克蔗糖,将大黄下锅煮后沥干。

2. 将草莓洗净、去梗,纵切成小块。将蛋黄与蛋清分离。在一个大沙拉盆中,放入蛋黄和剩下的蔗糖,打散直至蛋黄变白。然后加入黄油、牛奶、面粉、牛奶、草莓和大黄。

3. 蛋白中加1撮盐,打发至白雪状,随后加入到第2步的混合物中搅匀。再将混合物倒入模具内,放入烤箱烘烤40分钟。

6 人份

食材准备:30分钟

预热温度:180℃

加热时长:40分钟

也可以用速冻的大黄

椰奶磅蛋糕

做法

1 将模具内抹上黄油和面粉。在一个大沙拉盆里，加入椰糖和鸡蛋，打散至变白。

2 将黄油、面粉、酵母粉、椰蓉、椰奶和橙汁混合搅拌。再将混合物倒入模具内，放入烤箱烘烤40分钟。

6 人份

食材准备：10分钟
预热温度：180℃
加热时长：40分钟

面粉 180克
鸡蛋 4个
橙汁（1个橙子）
椰蓉 150克
椰奶 150毫升
椰糖 200克
软黄油 150克
酵母粉 三分之二小袋

配上腌橙肉也超好吃！

西柚磅蛋糕

鸡蛋 3个
西柚 3个
黄油 150克
黄糖 120克
面粉 250克
酵母粉 半袋

做法

1 将模具内抹上黄油和面粉。将1个西柚榨汁，另外2个西柚去皮，掰成数瓣。

2 在一个大沙拉盆里，加入黄糖和鸡蛋，打散至变白。然后加入面粉、酵母粉、黄油和西柚汁。

3 将混合物和三分之二的西柚瓣倒入模具内，放入烤箱烘烤15分钟取出。用剩下的柚子瓣装饰表面，再放入烤箱继续烘烤25分钟。

6 人份

食材准备：15分钟
预热温度：180℃
加热时长：40分钟

用4个血橙来替代西柚也是没问题的。

经典大理石磅蛋糕

- 软黄油 150克
- 鸡蛋 5个
- 面粉 125克
- 香草荚 1根
- 白砂糖 125克
- 可可粉 50克

做法

1 将模具内抹上黄油和面粉。用电动打蛋器将鸡蛋打散,再搅打10分钟。

2 将香草荚剖成两半,用尖刀把里面的香草籽刮下来。将打散的鸡蛋与面粉、黄油、白砂糖、可可粉和香草籽混合搅拌。将混合物倒入模具内,放入烤箱烘烤40分钟。

6人份

食材准备:15分钟
预热温度:180℃
加热时长:40分钟

感觉回到了小时候!

红浆果波伦塔磅蛋糕

- 面粉 100克
- 液体奶油 100毫升
- 白砂糖 100克
- 红浆果 300克
- 软黄油 150克
- 鸡蛋 3个
- 玉米面 100克

做法

1 将模具内抹上面粉和黄油。将红浆果洗净,如果有草莓,就去梗并纵切成小块。

2 在一个大沙拉盆里,将白砂糖、黄油、面粉、玉米糊和红浆果混合搅拌(留一些红浆果作最后装饰用)。

3 用电动打蛋器将鸡蛋打散,再搅打10分钟。加入之前的混合物中,均匀搅拌。将最后的混合物放入模具内,放入烤箱烘烤40分钟。出炉后,用红浆果装饰蛋糕表面。

6 人份

食材准备:15分钟
预热温度:180℃
加热时长:40分钟

不能更好吃啦!

香草罂粟籽磅蛋糕

- 软黄油 200克
- 柠檬皮丝（1个柠檬）
- 香草荚 2根
- 鸡蛋 4个
- 罂粟籽 2汤匙
- 白砂糖 180克
- 面粉 180克

做法

1 将模具内抹上黄油和面粉。鸡蛋的蛋清与蛋黄分离。在一个大沙拉盆里，将蛋黄加白砂糖后打散，再打发至白色。将面粉、黄油、罂粟籽和柠檬皮丝混合。

2 将香草荚剖成两半，用刀尖将香草籽刮下来，再加入到第1步的混合物中搅拌。将混合物倒入模具内，放入烤箱烘烤40分钟。

注：我国相关法律法规规定严禁将罂粟籽添加到食品配料中，本食谱中配料仅作参考。

6人份

食材准备：10分钟
预热温度：180℃
加热时长：40分钟

简单却美味！

开心果花生酱磅蛋糕

- 花生酱 100克
- 原味开心果 100克
- 原味酸奶 1盒
- 黄油 50克
- 面粉 150克
- 鸡蛋 3个
- 黄糖 130克

做法

1. 将模具内抹上黄油和面粉。将黄油融化。用电动打蛋器将鸡蛋打散，再搅打10分钟。

2. 将鸡蛋和其他食材混合搅拌。将混合物倒入模具内，撒上开心果，放入烤箱烘烤40分钟。

6 人份

食材准备：20分钟

预热温度：180℃

加热时长：40分钟

用开心果面团替代花生酱的做法也可一试。

苹果磅蛋糕

卡尔瓦多斯酒（CALVADOS） 4汤匙
酵母粉 半袋
面粉 100克
柠檬汁（半个柠檬）
苹果 1公斤
软黄油 170克
鸡蛋 4个
白砂糖 130克

做法

1. 将模具内抹上黄油和面粉。将苹果削皮，切成小块。留半个没切的苹果，用柠檬汁浇一下。锅中加适量水，将苹果用文火煮20分钟。

2. 用电动搅拌器将煮过的苹果和黄油、白砂糖、鸡蛋、面粉、酵母和卡尔瓦多斯酒（CALVADOS）搅拌均匀。将混合物放入模具中，放入烤箱烘烤20分钟。

3. 将剩下的半个苹果切成小薄片，上面浇上柠檬汁，装饰蛋糕表面，再继续放入烤箱烘烤20分钟。

6人份

食材准备：20分钟
预热温度：180℃
加热时长：1小时

也可以加入少许鲜姜哦!

杏仁糖磅蛋糕

软黄油 200克

鸡蛋 4个

面粉 180克

粉红杏仁糖 125克

白砂糖 60克

盐适量

做法

1 将模具内周围及底部全部包上烘焙纸。将粉红杏仁糖切碎。将鸡蛋的蛋清与蛋黄分离。

2 在一个大沙拉盆里,蛋黄加白砂糖后打散,打发至变白,再加入面粉、黄油和杏仁糖。

3 蛋清里加一小撮盐,打散,至蛋清变成白色雪状,加入到第一步的混合物里。将全部混合物倒入模具内,放入烤箱烘烤35分钟。上桌前可在蛋糕上洒一些红浆果汁。

6 人份

食材准备:20分钟

预热温度:180℃

加热时长:35分钟

孩子们会超爱吃的!

胡萝卜磅蛋糕

做法

1 将模具内抹上黄油和面粉。胡萝卜削皮后切丝。

2 将蛋白加入黄糖打发成雪状。将面粉、酵母粉、肉桂、胡萝卜丝、榛子碎、葡萄干和1小撮盐混合搅拌。将揉好的面团放入模具内，放入烤箱烘烤40分钟。

6 人份

食材准备：20分钟
预热温度：180℃
加热时长：40分钟

胡萝卜 4根
盐 适量
烤榛子 100克
黄糖 160克
肉桂 两大块
葡萄干 2汤匙
面粉 100克
酵母粉 半袋
蛋白 4个

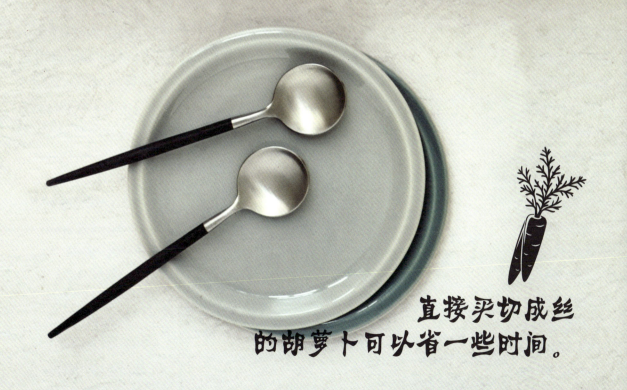

直接买切成丝的胡萝卜可以省一些时间。

菠萝磅蛋糕

- 椰子糖 200克
- 鸡蛋 4个
- 菠萝 1个
- 香草荚 1根
- 朗姆酒 4汤匙
- 软黄油 250克
- 面粉 180克
- 盐 适量

做法

1. 将模具内抹上黄油和面粉。蛋清与蛋黄分开。将香草荚剖成两半，用刀尖将香草籽挖出。将菠萝切成薄片。

2. 蛋黄加入椰糖打散至白色，然后加入面粉、朗姆酒、黄油、香草籽和菠萝片。

3. 在蛋白中加入1撮盐，打散至白雪状，加入到之前的混合物中，均匀搅拌。将面团倒入模具内，放入烤箱烘烤40分钟。

6 人份

食材准备：15分钟
预热温度：180℃
加热时长：40分钟

可以用威士忌替代朗姆酒。

抹茶磅蛋糕

做法

1 将模具内抹上黄油和面粉。鸡蛋打散至白色。

2 将牛奶、面粉、酵母粉、抹茶粉和黄油混合搅拌并揉成面团。将面团倒入模具内,放入烤箱烘烤40分钟。

6 人份

食材准备:15分钟
预热温度:180℃
加热时长:40分钟

- 酵母粉 半袋
- 鸡蛋 3个
- 牛奶 100毫升
- 抹茶粉 20克
- 白砂糖 150克
- 软黄油 100克
- 面粉 160克

来一块蛋糕犒赏自己吧。

香草红薯磅蛋糕

- 鸡蛋 1个
- 香草荚 2根
- 白砂糖 120克
- 软黄油 60克
- 红薯 1个（约400克）
- 面粉 180克
- 酵母粉 半袋
- 盐 适量

做法

1 将模具内抹上黄油和面粉。红薯削皮后切成小块，入沸水煮30分钟。

2 将鸡蛋打散，加入白砂糖、面粉、酵母粉、1撮盐和黄油。将香草荚剖成两半，用刀尖把香草籽刮出，放入之前的混合物中。

3 继续加入红薯，并均匀搅拌。将揉好的面团放入模具内，放入烤箱烘烤35分钟。

6 人份

食材准备：20分钟

预热温度：180℃

加热时长：1小时5分钟

香草和红薯是极好的搭档!

香料磅蛋糕

做法

1 将模具内抹上黄油和面粉。将坚果捣碎。

2 在一个大沙拉盆里,放入坚果碎与面粉、桂皮粉、酵母粉和南瓜子,与鸡蛋、牛奶、蜂蜜和姜混和搅拌。把混合物放入模具内,放入烤箱烘烤1小时。

6 人份

食材准备:25分钟

预热温度:170℃

加热时长:1小时

- 脱脂牛奶(最好是脱乳糖的) 200毫升
- 酵母粉 1袋
- 姜末 1汤匙
- 面粉 250克
- 坚果(杏仁、榛子、开心果) 100克
- 南瓜子 2汤匙
- 肉桂粉 2汤匙
- 鸡蛋 3个
- 蜂蜜 220克

爱运动的人要多吃点！

青柠檬奶酪磅蛋糕

- 青柠檬皮丝+挤汁（3个柠檬）
- 鸡蛋 1个
- 白砂糖 150克
- 费城奶酪 450克
- 布列塔尼油酥饼干 200克
- 液体奶油 400毫升
- 融化的黄油 100克

做法

1. 将模具内四周及底部都包裹上保鲜膜。把青柠檬的皮擦出丝，挤出柠檬汁。将柠檬汁煮沸后加入白砂糖，制成浓稠的糖浆。

2. 将蛋白与蛋清分离。将蛋白打发成白雪状，倒入三分之一的热糖浆，继续搅拌。将液体奶油打散，倒入剩下的晾凉的糖浆。继续放入费城奶酪、柠檬皮丝和白雪状蛋白搅拌均匀。将混合物倒入模具内，放入冰箱冷藏室冷却至少1小时。

3. 将奶酪蛋糕脱模，去掉保鲜膜。将布列塔尼油酥饼干捣碎，与融化的黄油混合，撒在奶酪蛋糕上。

6 人份

食材准备：15分钟

加热时长：5分钟

冷却时长：1小时

我们的最爱!

我的购物清单

 P. 8

西葫芦菲达奶酪薄荷磅蛋糕
鸡蛋 3个
面粉 180克
橄榄油 100毫升
薄荷 1小把
酵母粉 三分之二小袋
菲达奶酪 200克
西葫芦 2个（小个）
盐、黑胡椒粉 适量

 P. 12

瓜子玉米磅蛋糕
玉米面 120克
辣椒粉 1小撮
盐 适量
全脂牛奶 250克
混合瓜子仁（南瓜子、葵花籽）75克
黄油 125克
奶酪碎 125克（车达奶酪、帕尔玛干酪……）
酵母粉 1袋
面粉 150克

 P. 16

香梨核桃罗克福干酪磅蛋糕
鸡蛋 3个
面粉 180克
罗克福干酪（Roquefort）140克
梨 2个
全脂液体奶油 100毫升
酵母粉 1袋
黑胡椒粉 适量
核桃 2小撮

 P. 20

帕尔玛火腿无花果磅蛋糕
面粉 180克
鸡蛋 3个
帕尔玛火腿 125克
橄榄油 100毫升
牛奶 120毫升
干无花果 150克
盐、黑胡椒粉 适量
帕尔玛干酪粉 80克
酵母粉 三分之二袋

 P. 10

迷迭香双橄榄磅蛋糕
鸡蛋 3个
青橄榄、黑橄榄 200克（去核）
新鲜羊奶酪 140克
橄榄油 4汤匙
迷迭香 三分之一束
面粉 160克
酵母粉 1袋
盐、黑胡椒粉 适量

 P. 14

肉膘小洋葱卡蒙贝尔奶酪磅蛋糕
鸡蛋 3个
面粉 180克
卡蒙贝尔奶酪 100克
牛奶 100毫升
嫩洋葱 2个
小猪膘 125克
酵母粉 1袋
盐、黑胡椒粉 适量
橄榄油 2汤匙（包括平底锅要用到的）

 P. 18

青红椒米莫雷特奶酪磅蛋糕
米莫雷特奶酪（Mimolette）120克
青椒红椒 各1个
橄榄油 3汤匙（包括平底锅要用到的）
新鲜百里香 三分之一捆
牛奶 2汤匙
鸡蛋 3个
盐、黑胡椒粉 适量
面粉 200克
酵母粉 三分之二小袋

 P. 22

罗勒青酱西班牙小辣肠磅蛋糕
西班牙辣味小香肠 半根
橄榄油 4汤匙
罗勒青酱 50克
番茄 2个
盐、黑胡椒粉少许
面粉 180克
鸡蛋 3个

P. 24

腌圣女果迷迭香羊奶酪磅蛋糕

鲜羊奶酪 100克
鸡蛋 3个
橄榄油 3汤匙
迷迭香 三分之一束
盐、黑胡椒粉 少许
腌圣女果 80克
酵母粉 1袋
面粉 180克

 P. 28

咖喱鸡肉香菜磅蛋糕

葵花油 适量
咖喱粉 1汤匙
鸡蛋 3个
面粉 180克
椰奶 100毫升
鸡胸肉 1块
香菜 半把
酵母粉 1袋

 P. 32

小茴香三文鱼磅蛋糕

盐、黑胡椒粉 适量
新鲜三文鱼 200克
鸡蛋 3个
原味酸奶 1盒
橄榄油 4汤匙
小茴香 三分之一捆
红浆果 2汤匙
酵母粉 1袋
面粉 180克

 P. 36

西班牙辣味香肠鳕鱼磅蛋糕

酵母粉 1袋
鳕鱼 150克
辣椒面 1咖啡匙
鸡蛋 3个
西班牙辣味香肠 半根
牛奶 4汤匙
盐、黑胡椒粉 适量

 P. 26

菠菜羊奶酪磅蛋糕

鸡蛋 3个
牛奶 5汤匙
面粉 180克
嫩菠菜叶 80克
小羊奶酪 140克
酵母粉 三分之二小袋
盐、黑胡椒粉 适量
橄榄油 4汤匙

 P. 30

唐杜里鸭肉青豆磅蛋糕

面粉 180克
唐杜里香料粉（Tandoori Masala）1汤匙
小青豆 75克
鸡蛋 3个
黑胡椒粉 适量
液体奶油 200毫升
腌鸭腿肉 1个

 P. 34

烟熏三文鱼芝士磅蛋糕

薄脆饼干 60克
圣莫雷奶酪（St Moret）200克
鸡蛋 3个
茴香 半捆
柠檬 1个
烟熏三文鱼 300克
黄油 70克（融化成液体）
盐、黑胡椒粉 适量

 P. 38

马苏里拉奶酪香芹磅蛋糕

面团 500克
盐 10克
大蒜 3瓣
橄榄油 4汤匙
马苏里拉奶酪（Mozzarella）250克
香芹 1束

P. 40

茄子磅蛋糕
番茄 2个
橄榄油 适量
腌蒜 2瓣
柠檬百里香 少许
嫩洋葱 1个
茄子 4个
科西嘉羊奶酪 200克
盐、黑胡椒粉 适量

 P. 42

阳光蔬菜磅蛋糕
洋葱 2个
青椒红椒 各1个
盐、黑胡椒粉 适量
大蒜 3瓣
茄子 1个
橄榄油 适量
番茄 4个
西芹 半捆
西葫芦 2个

 P. 44

鸡肉磅蛋糕
香葱 2根
帕尔玛干酪 50克
液体奶油 250毫升
榛子仁 50克
生鸡胸肉 250克
鸡蛋 2个
熟鸡腿肉 3个（撕成丝）

 P. 46

香橙磅蛋糕
盐 适量
软黄油 250克
鸡蛋 4个
面粉 180克
橙子 3个
白砂糖 350克
酵母粉 1袋

 P. 48

覆盆子玉米磅蛋糕
纪诺雷樱桃利口酒（Guignolet）或樱桃酒 2或3汤匙
黄油 200克
玉米面 200克
覆盆子 300克
玉米淀粉 100克
鸡蛋 4个
酵母粉 1袋
白砂糖 160克

 P. 50

全巧克力磅蛋糕
面粉 125克
牛奶巧克力 100克
白巧克力 50克
黑巧克力 150克
黄油 250克
鸡蛋 5个
糖粉 150克
盐 适量

 P. 52

香蕉磅蛋糕
白砂糖 140克+1汤匙
黄油 80克
香蕉 4根 切成薄片
面粉 160克
香草荚 2根
鸡蛋 4个

 P. 54

苹果茴香酒磅蛋糕
软黄油 250克
鸡蛋 3个
苹果 3个
面粉 180克
白砂糖 200克
茴香酒 4咖啡匙

P.56

香梨巧克力磅蛋糕
鸡蛋 4个
黑巧克力 100克
面粉 160克
软黄油 160克
熟梨 2个
白砂糖 150克
酵母粉 1袋

 P.60

椰奶磅蛋糕
鸡蛋 4个
橙汁（1个橙子）
面粉 180克
椰蓉 150克
椰奶 150毫升
软黄油 150克
椰糖 200克
酵母粉 三分之二小袋

 P.64

经典大理石磅蛋糕
鸡蛋 5个
软黄油 150克
面粉 125克
香草荚 1根
白砂糖 125克
可可粉 50克

 P.68

香草罂粟籽磅蛋糕
软黄油 200克
柠檬皮丝（1个柠檬）
香草荚 2根
白砂糖 180克
鸡蛋 4个
罂粟籽 2汤匙
面粉 180克

 P.58

草莓大黄磅蛋糕
鸡蛋 3个
蔗糖 225克
牛奶 100毫升
草莓 200克
软黄油 150克
大黄 200克
盐 适量 面粉 200克

 P.62

西柚磅蛋糕
鸡蛋 3个
西柚 3个
黄油 150克
黄糖 120克
面粉 250克
酵母粉 半袋

 P.66

红浆果波伦塔磅蛋糕
液体奶油 100毫升
面粉 100克
红浆果 300克
白砂糖 100克
鸡蛋 3个
软黄油 150克
玉米面 100克

 P.70

开心果花生酱磅蛋糕
花生酱 100克
原味开心果 100克
原味酸奶 1盒
黄油 50克
面粉 150克
鸡蛋 3个
黄糖 130克

P.72
苹果磅蛋糕
酵母粉 半袋
卡尔瓦多斯酒 4汤匙
面粉 100克
柠檬汁（半个柠檬）
苹果 1公斤
软黄油 170克
鸡蛋 4个
白砂糖 130克

 P.76
胡萝卜磅蛋糕
胡萝卜 4根
烤榛子 100克
黄糖 160克
肉桂 两大块
葡萄干 2汤匙
盐 适量
面粉 100克
蛋白 4个
酵母粉 半袋

 P.80
抹茶磅蛋糕
牛奶 100毫升
鸡蛋 3个
抹茶 20克
白砂糖 150克
面粉 160克
软黄油 100克
酵母粉 半袋

 P.84
香料磅蛋糕
酵母粉 1袋
脱脂牛奶（最好是脱乳糖的）200毫升
面粉 250克
坚果（杏仁、榛子、开心果）100克
南瓜子 2汤匙
肉桂粉 2汤匙
鸡蛋 3个
蜂蜜 220克

 P.74
杏仁糖磅蛋糕
软黄油 200克
鸡蛋 4个
面粉 180克
粉红杏仁糖 125克
白砂糖 60克

 P.78
菠萝磅蛋糕
椰子糖 200克
鸡蛋 4个
菠萝 1个
琥珀朗姆酒 4汤匙
香草荚 1根
软黄油 250克
面粉 180克

 P.82
香草红薯磅蛋糕
香草荚 2根
鸡蛋 1个
白砂糖 120克
软黄油 60克
红薯 1个（约400克）
盐 适量
面粉 180克
酵母粉 半袋

 P.86
青柠奶酪磅蛋糕
青柠檬 3个
鸡蛋 1个
费城奶酪 450克
白砂糖 150克
布列塔尼油酥饼干 200克
液体奶油 400毫升
融化的黄油 100克

索引

菠萝
第 78 页 菠萝磅蛋糕

莳萝
第 32 页 小茴香三文鱼磅蛋糕

茄子
第 40 页 茄子磅蛋糕
第 42 页 阳光蔬菜磅蛋糕

香蕉
第 52 页 香蕉磅蛋糕

花生酱
第 70 页 开心果花生酱磅蛋糕

饼干
第 86 页 青柠奶酪磅蛋糕
第 34 页 烟熏三文鱼芝士磅蛋糕

鳕鱼
第 36 页 西班牙辣味香肠鳕鱼磅蛋糕

卡尔瓦多斯酒
第 72 页 苹果磅蛋糕

鸭肉
第 30 页 唐杜里鸭肉青豆磅蛋糕

胡萝卜
第 76 页 胡萝卜磅蛋糕

巧克力
第 56 页 香梨巧克力磅蛋糕
第 64 页 经典大理石磅蛋糕
第 50 页 全巧克力磅蛋糕

西班牙辣味香肠
第 36 页 西班牙辣味香肠鳕鱼磅蛋糕
第 22 页 罗勒青酱西班牙小辣肠磅蛋糕

青柠檬
第 86 页 青柠奶酪磅蛋糕

香菜
第 28 页 咖喱鸡肉香菜磅蛋糕

西葫芦
第 8 页 西葫芦菲达奶酪薄荷磅蛋糕
第 42 页 阳光蔬菜磅蛋糕

香料
第 30 页 唐杜里鸭肉青豆磅蛋糕
第 28 页 咖喱鸡肉香菜磅蛋糕

菠菜
第 26 页 菠菜羊奶酪磅蛋糕

无花果
第 20 页 帕尔玛火腿无花果磅蛋糕

草莓
第 58 页 草莓大黄磅蛋糕

悬钩子
第 48 页 覆盆子玉米磅蛋糕

奶酪
第 26 页 菠菜羊奶酪磅蛋糕
第 24 页 腌圣女果迷迭香羊奶酪磅蛋糕
第 16 页 香梨核桃罗克福奶酪磅蛋糕
第 10 页 迷迭香双橄榄磅蛋糕

第 8 页 西葫芦菲达奶酪薄荷磅蛋糕
第 14 页 肉膘小洋葱卡蒙贝尔奶酪磅蛋糕
第 18 页 青红椒米莫雷特奶酪磅蛋糕
第 86 页 青柠奶酪磅蛋糕
第 34 页 烟熏三文鱼芝士磅蛋糕
第 12 页 瓜子玉米磅蛋糕
第 38 页 马苏里拉奶酪香芹磅蛋糕
第 40 页 茄子磅蛋糕
第 44 页 鸡肉磅蛋糕

坚果
第 84 页 香料磅蛋糕

红浆果
第 66 页 红浆果波伦塔磅蛋糕
第 84 页 香料磅蛋糕

南瓜子
第 84 页 香料磅蛋糕
第 12 页 瓜子玉米磅蛋糕

火腿
第 20 页 帕尔玛火腿无花果磅蛋糕

小猪膘
第 14 页 肉膘小洋葱卡蒙贝尔奶酪磅蛋糕

薄荷
第 8 页 西葫芦菲达奶酪薄荷磅蛋糕

蜂蜜
第 84 页 香料磅蛋糕

榛子
第 76 页 胡萝卜磅蛋糕

核桃
第 16 页 香梨核桃罗克福奶酪磅蛋糕

椰子
第 60 页 椰奶磅蛋糕

洋葱
第 14 页 肉膘小洋葱卡蒙贝尔奶酪磅蛋糕

橄榄
第 10 页 迷迭香双橄榄磅蛋糕

橙子
第 46 页 香橙磅蛋糕

西柚
第 62 页 西柚磅蛋糕

茴香酒
第 54 页 苹果茴香酒磅蛋糕

红薯
第 82 页 香草红薯磅蛋糕

罂粟籽
第 68 页 香草罂粟籽磅蛋糕

香芹
第 38 页 马苏里拉奶酪香芹磅蛋糕

罗勒青酱
第 22 页 罗勒青酱西班牙小辣肠磅蛋糕

青豆
第 30 页 唐杜里鸭肉青豆磅蛋糕

开心果
第 70 页 开心果花生酱磅蛋糕

香梨
第 16 页 香梨核桃罗克福奶酪磅蛋糕
第 56 页 香梨巧克力磅蛋糕

青红椒
第 18 页 青红椒米莫雷特奶酪磅蛋糕
第 42 页 阳光蔬菜磅蛋糕

波伦塔玉米面
第 48 页 覆盆子玉米磅蛋糕
第 66 页 红浆果波伦塔磅蛋糕

苹果
第 54 页 苹果茴香酒磅蛋糕
第 72 页 苹果磅蛋糕

鸡肉
第 28 页 咖喱鸡肉香菜磅蛋糕
第 44 页 鸡肉磅蛋糕

粉红杏仁糖
第 74 页 杏仁糖磅蛋糕

大黄
第 58 页 草莓大黄磅蛋糕

迷迭香
第 24 页 腌圣女果迷迭香羊奶酪磅蛋糕
第 10 页 迷迭香双橄榄磅蛋糕

鲜三文鱼
第 32 页 小茴香三文鱼磅蛋糕

烟熏三文鱼
第 34 页 烟熏三文鱼芝士磅蛋糕

玉米面
第 12 页 瓜子玉米磅蛋糕

茶
第 80 页 抹茶磅蛋糕

番茄
第 22 页 罗勒青酱西班牙小辣肠磅蛋糕
第 40 页 茄子磅蛋糕
第 42 页 阳光蔬菜磅蛋糕

腌圣女果
第 24 页 腌圣女果迷迭香羊奶酪磅蛋糕

香草
第 68 页 香草罂粟籽磅蛋糕
第 64 页 经典大理石磅蛋糕
第 82 页 香草红薯磅蛋糕

酸奶
第 70 页 开心果花生酱磅蛋糕
第 32 页 小茴香三文鱼磅蛋糕

TRANCHE DE CAKE! © Larousse 2017

Simplified Chinese edition arranged through Dakai Agency Limited.All rights reserved.

This Simplified Chinese edition copyright © 2018 by Publishing House of Electronics Industry(PHEI).

本书简体中文版经由Larousse 会同Dakai Agency Limited授予电子工业出版社在中国大陆出版与发行。专有出版权受法律保护。

版权贸易合同登记号　图字：01-2018-3246

图书在版编目（CIP）数据

百变磅蛋糕，一个模具就OK！/(法) 文森特·阿米艾勒 (Vincent Amiel) 著；张紫怡译.—北京：电子工业出版社，2018.5

ISBN 978-7-121-34328-5

Ⅰ.①百… Ⅱ.①文…②张… Ⅲ.①蛋糕—糕点加工 Ⅳ.①TS213.23

中国版本图书馆CIP数据核字(2018)第103358号

策划编辑：白　兰
责任编辑：鄂卫华
印　　刷：中国电影出版社印刷厂
装　　订：中国电影出版社印刷厂
出版发行：电子工业出版社
　　　　　北京市海淀区万寿路173信箱　　邮编：100036
开　　本：787×1092　1/16　印张：6　字数：85千字
版　　次：2018年5月第1版
印　　次：2018年5月第1次印刷
定　　价：39.80元

凡所购买电子工业出版社图书有缺损问题，请向购买书店调换。若书店售缺，请与本社发行部联系，联系及邮购电话：(010) 88254888，88258888。

质量投诉请发邮件至zlts@phei.com.cn，盗版侵权举报请发邮件至dbqq@phei.com.cn。

本书咨询电邮：bailan@phei.com.cn　咨询电话：(010) 68250802